煤矿瓦斯等级鉴定办法

国家煤矿安全监察局
国 家 能 源 局

煤 炭 工 业 出 版 社
·北 京·

煤矿瓦斯等级鉴定办法

出版发行 煤炭工业出版社（北京市朝阳区芍药居 35 号 100029）
电　　话 010-84657898（总编室）
　　　　 010-64018321（发行部） 010-84657880（读者服务部）
电子信箱 cciph612@ 126. com
网　　址 www. cciph. com. cn
印　　刷 北京市庆全新光印刷有限公司
经　　销 全国新华书店

开　　本 787mm×1092mm $^1/_{32}$ 印张 $1^3/_8$ 字数 22 千字
版　　次 2018 年 5 月第 1 版 2018 年 5 月第 1 次印刷
标准书号 ISBN 978-7-5020-6665-9/TD712
社内编号 20180658 定价 12.00 元

目　　录

国家煤矿安监局国家能源局关于印发《煤矿瓦斯等级鉴定办法》的通知

煤安监技装〔2018〕9号

各产煤省、自治区、直辖市及新疆生产建设兵团煤矿安全监管部门、煤炭行业管理部门，各省级煤矿安全监察局，司法部直属煤矿管理局，有关中央企业：

现将《煤矿瓦斯等级鉴定办法》印发给你们，请遵照执行。原国家安全监管总局、国家发展改革委和国家能源局、国家煤矿安监局印发的《煤矿瓦斯等级鉴定暂行办法》(安监总煤装〔2011〕第162号)同时废止。

国家煤矿安监局

国家能源局

2018年4月27日

煤矿瓦斯等级鉴定办法

第一章　总　　则

第一条　为进一步规范煤矿瓦斯等级鉴定工作，加强矿井瓦斯管理，预防瓦斯事故，保障职工生命安全，根据《安全生产法》《煤矿安全监察条例》《国务院关于预防煤矿生产安全事故的特别规定》《煤矿安全规程》等，制定本办法。

第二条　井工煤矿（包括新建矿井、改扩建矿井、资源整合矿井、生产矿井等）、鉴定机构（单位）应当按照本办法进行煤矿瓦斯等级鉴定。

第三条　国家煤矿安全监察局指导、协调和监督全国煤矿瓦斯等级鉴定工作。

各省级煤炭行业管理部门负责辖区内煤矿瓦斯等级鉴定的管理工作。

各级地方煤矿安全监管部门、各驻地煤矿安全监察机构负责辖区内煤矿瓦斯等级鉴定的监管监察工作。

第四条　煤矿企业将煤矿瓦斯等级鉴定结果报省级煤炭行业管理部门和省级煤矿安全监察机构，由省级煤炭行业管理部门按年度汇总报国家煤矿安全监察局、国家能源局，并抄送省级煤矿安全监管部门。

第二章　矿井瓦斯等级划分

第五条　矿井瓦斯等级鉴定应当以独立生产系统的矿井为单位。

第六条　矿井瓦斯等级应当依据实际测定的瓦斯涌出量、瓦斯涌出形式以及实际发生的瓦斯动力现象、实测的突出危险性参数等确定。

第七条　矿井瓦斯等级划分为：

（一）低瓦斯矿井；

（二）高瓦斯矿井；

（三）煤（岩）与瓦斯（二氧化碳）突出矿井（以下简称“突出矿井”）。

第八条　在矿井的开拓、生产范围内有突出煤（岩）层的矿井为突出矿井。

有下列情形之一的煤（岩）层为突出煤（岩）层：

（一）发生过煤（岩）与瓦斯（二氧化碳）突出的；

（二）经鉴定或者认定具有煤（岩）与瓦斯（二氧化碳）突出危险的。

第九条　非突出矿井具备下列情形之一的为高瓦斯矿井，否则为低瓦斯矿井：

（一）矿井相对瓦斯涌出量大于 10 m^3/t；

（二）矿井绝对瓦斯涌出量大于 40 m^3/min；

（三）矿井任一掘进工作面绝对瓦斯涌出量大于 3 m^3/min；

（四）矿井任一采煤工作面绝对瓦斯涌出量大于 5 m^3/min。

第十条 低瓦斯矿井每 2 年应当进行一次高瓦斯矿井等级鉴定，高瓦斯、突出矿井应当每年测定和计算矿井、采区、工作面瓦斯（二氧化碳）涌出量，并报省级煤炭行业管理部门和煤矿安全监察机构。

经鉴定或者认定为突出矿井的，不得改定为非突出矿井。

第十一条 新建矿井在可行性研究阶段，应当依据地质勘探资料、所处矿区的地质资料和相邻矿井相关资料等，对井田范围内采掘工程可能揭露的所有平均厚度在 0.3 m 及以上的煤层进行突出危险性评估，评估结果应当在可研报告中表述清楚。

经评估为有突出危险煤层的新建矿井，建井期间应当对开采煤层及其他可能对采掘活动造成威胁的煤层进行突出危险性鉴定，鉴定工作应当在主要巷道进入煤层前开始。所有需要进行鉴定的新建矿井在建井期间，鉴定为突出煤层的应当及时提交鉴定报告，鉴定为非突出煤层的突出鉴定工作应当在矿井建设三期工程竣工前完成。

新建矿井在设计阶段应当按地勘资料、瓦斯涌出量预测结果、邻近矿井瓦斯等级、煤层突出危险性评估结果等综合预测瓦斯等级，作为矿井设计和建井期间井巷揭煤作业的依据。

第十二条 低瓦斯矿井应当在以下时间前进行并完成高瓦斯矿井等级鉴定工作：

（一）新建矿井投产验收；

（二）矿井生产能力核定完成；

（三）改扩建矿井改扩建工程竣工；

（四）新水平、新采区或开采新煤层的首采面回采满半年；

（五）资源整合矿井整合完成。

第十三条 低瓦斯矿井生产过程中出现本办法第九条中所列高瓦斯矿井条件的，煤矿企业应当立即认定该矿井为高瓦斯矿井，并报省级煤炭行业管理部门和省级煤矿安全监察机构。

第十四条 非突出矿井或者突出矿井的非突出煤层出现下列情况之一的，应当立即进行煤层突出危险性鉴定，或直接认定为突出煤层；鉴定完成前，应当按照突出煤层管理：

（一）有瓦斯动力现象的；

（二）煤层瓦斯压力达到或者超过 0.74 MPa 的；

（三）相邻矿井开采的同一煤层发生突出事故或

者被鉴定、认定为突出煤层的。

直接认定为突出煤层或者按突出煤层管理的，煤矿企业应当报省级煤炭行业管理部门和煤矿安全监察机构。

第十五条 除停产停建矿井和新建矿井外，矿井内根据第十四条规定按突出管理的煤层，应当在确定按突出管理之日起6个月内完成该煤层的突出危险性鉴定，否则，直接认定为突出煤层。

原低瓦斯矿井经突出鉴定为非突出矿井的，还应当立即进行高瓦斯矿井等级鉴定。

开采同一煤层达到相邻矿井始突深度的不得定为非突出煤层。

第十六条 矿井发生生产安全事故，经事故调查组分析确定为突出事故的，应当直接认定该煤层为突出煤层、矿井为突出矿井。

第三章 鉴定管理

第十七条 突出矿井（或突出煤层）鉴定工作由具备煤与瓦斯突出鉴定资质的机构承担。

高瓦斯矿井等级鉴定工作，由具备鉴定能力的煤矿企业或者委托具备相应资质的鉴定机构承担。具体办法由省级煤炭行业管理部门会同省级煤矿安全监管部门和省级煤矿安全监察机构制定。

第十八条 用于煤矿瓦斯等级鉴定或者测定的所

有仪器仪表应当保证状态完好、精度满足要求、测值准确，计量仪器仪表应当在其计量检定或校准证书的有效期内使用。

第十九条　煤矿委托鉴定机构（单位）鉴定时，应当与鉴定机构（单位）签订合同，合同内容应当包括鉴定对象、内容及双方职责等。委托时不得要求特定的鉴定结果。

鉴定机构（单位）在鉴定合同生效后，高瓦斯矿井鉴定应当在2个月内完成；除新建矿井外，突出矿井（煤层）鉴定应当在4个月内完成。

第二十条　煤矿提供的基础资料、数据等必须真实、完整，并建立瓦斯鉴定档案，妥善保存鉴定过程中的原始资料。

鉴定机构按照本办法鉴定为突出煤层的，煤矿不得再委托其他鉴定机构鉴定为非突出煤层。

第二十一条　鉴定机构（单位）应当依照法律、法规、标准和执业规则等公正、诚信、科学地开展煤矿瓦斯等级鉴定工作，并对其鉴定结果负责。

鉴定机构（单位）不得转让、出借、出租瓦斯等级鉴定资质，不得转包或分包瓦斯等级鉴定工作。

第二十二条　鉴定机构（单位）应当建立健全瓦斯等级鉴定工作质量管理体系，对鉴定程序、鉴定人员、报告审批、鉴定资料的档案管理等进行严格管控，尤其对鉴定方法、指标测定、鉴定结论等应当建立内部评审机制。

第二十三条 鉴定人员应当为鉴定机构（单位）正式员工，熟悉相关法律、法规、标准和规定，具备鉴定工作所需要的专业知识和能力后方可从事鉴定工作。突出鉴定项目负责人必须从事煤矿瓦斯防治工作至少 10 年以上，并取得高级职称。

鉴定机构（单位）及其鉴定人员从事瓦斯鉴定活动，不得泄露被鉴定单位的技术和商业秘密等信息。

第二十四条 鉴定报告应当有被鉴定矿井（煤层）名称、鉴定机构（单位）名称、鉴定日期以及鉴定人员、鉴定负责人、审核人和授权签字人（批准人）的签字，加盖鉴定机构（单位）公章。突出鉴定报告还应当在鉴定证书中加盖突出鉴定资质章，并附鉴定资质证书复印件。

第二十五条 省级煤炭行业管理部门应当建立本省（区、市）煤矿瓦斯等级鉴定电子档案和数据库。矿井名称、鉴定结果、鉴定机构（单位）等与鉴定有关的信息应当公开。

第二十六条 各级煤矿安全监管部门和煤矿安全监察机构在开展安全监管监察工作时，发现矿井瓦斯的实际情况明显异于矿井瓦斯等级的，应当责令矿井限期进行瓦斯等级鉴定。

第四章　高瓦斯矿井等级鉴定

第二十七条　鉴定开始前应当编制鉴定工作方案，做好仪器准备、人员组织和分工、计划测定路线等。

第二十八条　鉴定应当根据当地气候条件选择在矿井绝对瓦斯涌出量最大的月份，且在矿井正常生产、建设时进行。

第二十九条　参数测定工作应当在鉴定月的上、中、下旬各取1天（间隔不少于7天），每天分3个班（或4个班）、每班3次进行。

第三十条　鉴定时应当准确测定风量、甲烷浓度、二氧化碳浓度及温度、气压等参数，统计井下瓦斯抽采量、月产煤量，全面收集煤层瓦斯压力、瓦斯含量、动力现象及预兆、瓦斯喷出、邻近矿井瓦斯等级等资料。

鉴定实测数据与最近6个月以来矿井安全监控系统的监测数据、通风报表和产量报表数据相差超过10%的，应当分析原因，必要时应当重新测定。

第三十一条　测点应当布置在进、回风巷测风站（包括主要通风机风硐）内，如无测风站，则选取断面规整且无杂物堆积的一段平直巷道作测点。每一测定班应当在同一时间段的正常生产时间进行。

第三十二条　绝对瓦斯涌出量按矿井、采区和采掘工作面等分别计算，相对瓦斯涌出量按矿井、采区或采煤工作面计算，计算方法见附录 B，测定的基础数据和汇总表可参照附录 E 的格式填写。

第三十三条 高瓦斯矿井等级鉴定报告应当采用统一的表格格式（可参考附录 E 格式），并包括以下主要内容：

（一）矿井基本情况；

（二）矿井瓦斯和二氧化碳测定基础数据表；

（三）矿井瓦斯和二氧化碳测定结果报告表；

（四）标注有测定地点的矿井通风系统示意图；

（五）矿井瓦斯来源分析；

（六）最近 5 年内矿井的煤尘爆炸性鉴定、煤层自然发火倾向性鉴定、最短发火期及瓦斯（煤尘）爆炸或燃烧等情况；

（七）瓦斯喷出及瓦斯动力现象情况；

（八）鉴定月份生产状况及鉴定结果简要分析或说明；

（九）鉴定单位和鉴定人员；

（十）煤矿瓦斯等级鉴定结果表。

第五章 突出矿井鉴定

第三十四条 突出矿井鉴定应当首先根据实际发生的瓦斯动力现象进行，当由瓦斯动力现象特征不能确定为煤与瓦斯突出或者没有发生瓦斯动力现象时，应当采用实际测定的突出危险性指标进行鉴定。

第三十五条 煤层初次发生瓦斯动力现象的，煤矿应当详细记录瓦斯动力现象的基本特征或保留现场，及时检测并记录瓦斯动力现象影响区域的瓦斯浓度、风量及其变化、抛出的煤（岩）量等情况，并委托鉴定机构开展鉴定工作；或直接认定为突出煤层。

鉴定机构接受委托后，应当指派至少 2 名本机构专业技术人员（其中至少 1 名具有高级职称）进行现场勘测并核实有关资料。

第三十六条 以瓦斯动力现象特征为主要依据进行鉴定的，应当将现场勘测情况与煤与瓦斯突出的基本特征进行对比，当瓦斯动力现象特征基本符合附录 C 中的特征时，该瓦斯动力现象为煤与瓦斯突出。

第三十七条 采用煤层突出危险性指标进行突出煤层鉴定的，应当将实际测定的原始煤层瓦斯压力（相对压力）、煤的坚固性系数、煤的破坏类型、煤的瓦斯放散初速度作为鉴定依据。

全部指标均符合下表所列条件的或打钻过程中发生喷孔、顶钻等突出预兆的，鉴定为突出煤层。否则，煤层的突出危险性可由鉴定机构结合直接法测定的原始瓦斯含量等实际情况综合分析确定，但当 $f \leq 0.3$、$P \geq 0.74$ MPa，或 $0.3 < f \leq 0.5$、$P \geq 1.0$ MPa，

或 0.5 < f ≤ 0.8、P ≥ 1.50 MPa，或 P ≥ 2.0 MPa 的，一般鉴定为突出煤层。

表　煤层突出危险性鉴定指标

判定指标	煤的破坏类型	瓦斯放散初速度 ΔP	煤的坚固性系数 f	煤层原始瓦斯压力（相对）P/MPa
有突出危险的临界值及范围	Ⅲ、Ⅳ、Ⅴ	≥10	≤0.5	≥0.74

确定为非突出煤层时，应当在鉴定报告中明确划定鉴定的范围。当采掘工程进入鉴定范围以外的，应当经常性测定瓦斯压力、瓦斯含量及其与突出危险性相关的参数，掌握瓦斯动态。但若是根据第十四条规定进行的突出煤层鉴定确定为非突出煤层的，在开拓新水平、新采区或采深增加超过 50 m，或者进入新的地质单元时，应当重新进行突出煤层鉴定。

第三十八条　采用第三十七条进行突出煤层鉴定的，还应当符合下列要求：

（一）鉴定前应当制定鉴定工作方案；

（二）煤层瓦斯压力测定地点应当位于未受采动及抽采影响区域；

（三）突出危险性指标数据应当为实际测定数据；

（四）具备施工穿层钻孔测定瓦斯压力条件的，

应当优先选择穿层钻孔；测点布置应当能有效代表待鉴定范围的突出危险性，且应当按照不同的地质单元分别布置，测点分布和数量根据煤层范围大小、地质构造复杂程度等确定，但同一地质单元内沿煤层走向测点不应少于 2 个、沿倾向不应少于 3 个，并应当在埋深最大及标高最低的开拓工程部位布置有测点；

（五）用于瓦斯放散初速度和煤的坚固性系数测定的煤样，应当具有代表性，取样地点应当不少于 3 个。当有软分层时，应当采取软分层煤样；

（六）各指标值取鉴定煤层各测点的最高煤层破坏类型、煤的最小坚固性系数、最大瓦斯放散初速度和最大瓦斯压力值；

（七）所有指标测试应当严格执行相关标准。

第三十九条 当鉴定为非突出煤层时，应当充分考虑测点分布、地质单元、瓦斯赋存规律、地质构造分布、采区边界、开拓标高、采掘部署等因素，合理划定鉴定范围。

第四十条 鉴定报告应当对被鉴定矿井、煤层给出明确的结论，并包括鉴定证书、鉴定说明书和附件三部分。

鉴定证书以表格形式列出被鉴定矿井及煤层名称、鉴定依据、关键测定参数、鉴定结论（含范围）、鉴定机构、鉴定日期、鉴定人员签字。

鉴定说明书中应当包含矿井概况、瓦斯动力现象发生情况或煤层突出危险性指标测定情况及测定结果可靠性分析、确定是否为突出矿井（煤层）的主要依据及鉴定结论、应当采取的措施及管理建议。采用突出危险性指标鉴定时还应当包含瓦斯参数测点、煤样取样点布置图、关键瓦斯压力上升曲线图、鉴定范围图等。

采用突出危险性指标鉴定时，附件应当含有仪器仪表检定证书、突出危险性指标实验测试报告等。

第四十一条 煤与二氧化碳突出煤层的鉴定参照煤与瓦斯突出煤层的鉴定方法进行。

岩石与二氧化碳（瓦斯）突出岩层的鉴定依据为实际发生的动力现象，当动力现象具有如下基本特征时，应当确定为岩石与二氧化碳（瓦斯）突出岩层：

（一）在炸药直接作用范围外，发生破碎岩石被抛出现象；

（二）抛出的岩石中，含有大量的砂粒和粉尘；

（三）产生明显动力效应；

（四）巷道二氧化碳（瓦斯）涌出量明显增大；

（五）在岩体中形成孔洞；

（六）岩层松软，呈片状、碎屑状，岩芯呈凹凸片状，并具有较大的孔隙率和二氧化碳（瓦斯）含量。

第六章 鉴 定 责 任

第四十二条 在鉴定过程中，煤矿提供的相关数据及图纸资料等与实际不符、弄虚作假甚至干扰鉴定工作，导致矿井瓦斯等级降低的，应当由安全生产许可证发放部门撤销其安全生产许可证。

第四十三条 鉴定机构应当对鉴定结果负责；出具虚假鉴定报告的，应当由资质发放部门吊销其鉴定资质，并按照有关法律法规予以处罚。

第七章 附 则

第四十四条 本办法所列附录 A 至附录 E 为本办法的一部分。

第四十五条 本办法自 2018 年 4 月 27 日起施行。

附录A 名词解释

矿井瓦斯等级：根据矿井的瓦斯涌出量和涌出形式等所划分的矿井瓦斯危险程度等级。

突出煤（岩）层：在矿井井田范围内发生过煤（岩）与瓦斯（二氧化碳）突出的煤（岩）层或者经过鉴定、认定为有突出危险的煤（岩）层。

煤（岩）与瓦斯（二氧化碳）突出矿井：在矿井开拓、生产范围内有突出煤（岩）层的矿井。

正常生产条件：测定区域（矿井、煤层、翼、水平或采区）的实际产量（包括回采和掘进煤产量）达到该区域核定（设计）产量或正常产量60%以上的条件。

非突出煤（岩）层：未被鉴定或认定为突出煤（岩）层的煤（岩）层。

非突出矿井：矿井开拓、生产范围内的煤（岩）层均为非突出煤（岩）层的矿井。包括低瓦斯和高瓦斯矿井。

高瓦斯矿井等级鉴定：根据实际测定的瓦斯涌出量、瓦斯涌出形式等确定是高瓦斯矿井或低瓦斯矿井的工作。

三期工程：从施工采区车场开始到整个采区布置

的掘进工程，包括采区车场、采区上下山、采区变电所、采煤工作面上下顺槽、切眼、运煤通道等工程。

瓦斯喷出：从煤体或岩体裂隙、孔洞、钻孔或爆破孔中大量涌出瓦斯（二氧化碳）的异常涌出现象。在 20 m 巷道范围内，涌出瓦斯（二氧化碳）量大于或等于 1.0 m^3/min 且持续 8 h 以上时定为瓦斯（二氧化碳）喷出。

瓦斯动力现象：指煤矿井下发生的有瓦斯参与或伴随大量瓦斯涌出，且产生明显动力效应的现象。

地质单元：指地质特征相近、未受大的地质构造阻隔的整片煤层区域。在同一地质单元内，有基本相同的煤质和相近似的地质构造复杂程度、煤层破坏程度、软分层厚度等，区域内煤层基本连续，瓦斯能够沿煤层在区域内顺利流动。

喷孔：钻孔施工过程中，在瓦斯压力的作用下，从钻孔短时、断续喷出瓦斯和煤粉，且喷出距离一般大于 0.5 m 的异常动力现象。

附录 B　矿井瓦斯等级鉴定中瓦斯涌出量计算方法

B1　绝对瓦斯涌出量计算方法：

矿井、采区或工作面等测定区域绝对瓦斯涌出量是指单位时间内该区域涌出的瓦斯总量，取鉴定月 3 个测定日中最大的日平均值。绝对瓦斯涌出量为井巷风排瓦斯涌出量与抽采瓦斯量之和。风排瓦斯涌出量为所有进、回风测点瓦斯流量之差，当测定区域有多个进、回风巷道时，绝对瓦斯涌出量包括所有通风回路瓦斯涌出量之和；抽采瓦斯量取当月抽采瓦斯量（包括地面、井下抽采量）的平均值（不包括排放到测定区域回风巷的局部抽采瓦斯量）。测定日每个通风回路的绝对瓦斯涌出量可按照公式（1）计算：

$$q_{绝} = q_{排} + q_{抽} \tag{1}$$

式中：

$q_{绝}$——测定区域绝对瓦斯（或二氧化碳）涌出总量，m^3/min；

$q_{抽}$——测定区域抽采瓦斯（或二氧化碳）纯量，

m^3/min，取鉴定月的平均值；

$q_{排}$——测定区域日平均风排瓦斯（或二氧化碳）量，m^3/min。

$$q_{排} = \frac{1}{n}\sum_{i=1}^{n} q_{排i}$$

$$= \frac{1}{100 \times n}\sum_{i=1}^{n}(Q_{回i} \cdot C_{回i} - Q_{进i} \cdot C_{进i}) \qquad (2)$$

式中：

n——班制，矿井采用三班制时 $n=3$，矿井采用四班制时 $n=4$；

i——测定班序号，采用三班制的矿井 $i=1$，2，3；采用四班制的矿井 $i=1$，2，3，4；

$q_{排i}$——第 i 班的风排瓦斯（或二氧化碳）量，m^3/min；

$Q_{回i}$——第 i 班回风巷风流中的风量，取当班测定 3 次的平均值，m^3/min；

$C_{回i}$——第 i 班回风巷风流中的瓦斯（或二氧化碳）浓度，取当班测定 3 次的平均值，%；

$Q_{进i}$——第 i 班进风巷风流中的风量，取当班测定 3 次的平均值，m^3/min；

$C_{进i}$——第 i 班进风巷风流中的瓦斯（或二氧化碳）浓度，取当班测定 3 次的平均值,%。

B2 相对瓦斯涌出量计算方法:

矿井、采区、采煤工作面的相对瓦斯涌出量为测定日中日平均绝对瓦斯涌出量最大值与月平均日产煤量的比值。相对瓦斯涌出量可按公式（3）计算:

$$q_{相} = 1440 \times q_{绝max}/D \tag{3}$$

式中:

$q_{相}$——相对瓦斯涌出量，m^3/t;

$q_{绝max}$——测定日中日平均绝对瓦斯涌出量最大值，m^3/min;

D——月平均日产煤量，t/d。

附录 C　煤与瓦斯突出基本特征和突出后抛出煤量与瓦斯涌出量计算方法

煤与瓦斯突出可分为煤与瓦斯突然喷出（以下简称突出）、煤的压出伴随瓦斯涌出（以下简称压出）和煤的倾出伴随瓦斯涌出（以下简称倾出）3 种类型，其基本特征如下：

C1　突出的基本特征：

（一）突出的煤向外抛出的距离较远，具有分选现象；

（二）抛出煤的堆积角小于自然安息角；

（三）抛出煤的破碎程度较高，含有大量碎煤和一定数量手捻无粒感的煤粉；

（四）有明显的动力效应，如破坏支架，推倒矿车，损坏或移动安装在巷道内的设施等；

（五）有大量的瓦斯涌出，瓦斯涌出量远远超过突出煤的瓦斯含量，有时会使风流逆转；

（六）突出孔洞呈口小腔大的梨形、舌形、倒瓶形、分岔形或其他形状。

C2　压出的基本特征：

（一）压出有两种形式，即煤的整体位移和煤有一定距离的抛出，但位移和抛出的距离都较小；

（二）压出后，在煤层与顶板之间的裂隙中常留有细煤粉，整体位移的煤体上有大量的裂隙；

（三）压出的煤呈块状，无分选现象；

（四）巷道瓦斯涌出量增大，抛出煤的吨煤瓦斯涌出量大于 30 m^3/t；

（五）压出可能无孔洞或呈口大腔小的楔形、半圆形孔洞。

C3　倾出的基本特征：

（一）倾出的煤按自然安息角堆积、无分选现象；

（二）倾出的孔洞多为口大腔小，孔洞轴线沿煤层倾斜或铅锤（厚煤层）方向发展；

（三）无明显动力效应；

（四）常发生在煤质松软的急倾斜煤层中；

（五）巷道瓦斯涌出量明显增加，抛出煤的吨煤瓦斯涌出量大于 30 m^3/t。

C4　瓦斯动力现象抛出煤量和瓦斯涌出量计算原则和方法：

（一）抛出的煤量指由瓦斯动力现象抛出的煤

量。煤量可按照实际清理出的煤量为准，或按照煤炭的堆积体积计算。计算时堆积煤炭的密度取值范围为 0.8~1.0 t/m^3，抛出煤炭的粒度差别较大时，可分段按照不同堆积密度计算。

（二）抛出煤的瓦斯涌出量为发生瓦斯动力现象后回风巷中的瓦斯从升高开始，截至恢复到瓦斯动力现象发生前状态的增量。对瓦斯涌出量长时间不能恢复到瓦斯动力现象发生前的瓦斯涌出状态的，计算截止时间为瓦斯涌出量降到 1.0 m^3/min 时或瓦斯涌出量降到稳定状态时。

（三）瓦斯涌出量可根据工作面、采区、水平或总回风流中的瓦斯浓度和风量的测定值计算，并应当尽量选用瓦斯浓度测值没有超过测量仪器（或传感器）量程的测点资料，当发生瓦斯逆流或局部通风系统遭到破坏时，可选用采区或总回风流中的测点资料计算。瓦斯涌出量可根据瓦斯浓度和风量的测值变化规律，采用曲线拟合后再积分的方法或者采用分段取平均值的方法计算。

附录D　煤的破坏类型分类表

破坏类型	光泽	构造与构造特征	节理性质	节理面性质	断口性质	手试强度
Ⅰ类（非破坏煤）	亮与半亮	层状构造，块状构造，条带清晰明显	一组或二三组节理，节理系统发达，有次序	有充填物（方解石），次生面少，节理、劈理面平整	参差阶状，贝状，波浪状	坚硬，用手难以掰开
Ⅱ类（破坏煤）	亮与半亮	1. 尚未失去层状，较有次序； 2. 条带明显，有时扭曲，有错动； 3. 不规则块状，多棱角； 4. 有挤压特征	次生节理面多，且不规则，与原生节理呈网状节理	节理面有擦纹、滑皮。节理平整，易掰开	参差多角	用手极易剥成小块，中等硬度

（续）

破坏类型	光泽	构造与构造特征	节理性质	节理面性质	断口性质	手试强度
Ⅲ类煤（强烈破坏煤）	半亮与半暗	1. 弯曲呈透镜体构造； 2. 小片状构造； 3. 细小碎块，层理紊乱无次序	节理不清，系统不发达，次生节理密度大	有大量擦痕	参差及粒状	用手捻之可成粉末、碎粒
Ⅳ类煤（粉碎煤）	暗淡	粒状或小颗粒胶结而成，形似天然煤团	无节理，成粘块状		粒状	用手捻之可成粉末
Ⅴ类煤（全粉煤）	暗淡	1. 土状构造，似土质煤； 2. 如断层泥状			土状	易捻成粉末，疏松

附录E　矿井瓦斯等级鉴定报告参考格式

E1　封面格式：

报告编号＿＿＿＿＿＿＿
＿＿＿＿＿＿省（区、市）＿＿＿＿＿＿市（县）
矿井瓦斯等级鉴定报告
矿井名称：＿＿＿＿＿＿＿＿＿＿＿＿＿＿＿
鉴定年度：＿＿＿＿＿＿＿＿＿＿＿＿＿＿＿
鉴定单位：＿＿＿＿＿＿＿＿＿＿＿＿＿＿＿
编制日期：＿＿＿年＿＿＿月＿＿＿日

E2 封一格式：

报告编号________

________省（区、市）________市（县）

矿井瓦斯等级鉴定报告

（　年度）

矿　　井　　名　　称：________________

鉴　定　机　构（公章）：________________

鉴定单位负责人（签字）：________________

鉴　定　负　责　人（签字）：________________

鉴　定　审　核　人（签字）：________________

报　告　审　批　人（签字）：________________

编制日期：____年____月____日

E3 鉴定人员表格式：

矿____井____年度瓦斯等级鉴定人员表

鉴定岗位	姓名	职称	专业	主要工作	签字
组长					
副组长					
组员					
组员					
组员					
组员					
组员					
组员					
组员					

E4　报告内容格式：

1. 矿井基本情况

矿井交通位置、隶属关系：
矿井煤层、地质构造概况：
矿井核定生产能力：
矿井开拓、开采概况：
矿井通风、瓦斯概况：
矿井历年瓦斯等级鉴定情况：

注：篇幅不够可续页。

2. 瓦斯和二氧化碳涌出量测定基础数据表

________矿________井　　　　　　　　　　　　　　　　　　____年____月

测点名称	气体名称	旬别	日期	第一班			第二班			第三班			第四班			日平均风排量 (m^3/min)	抽采瓦斯量 (m^3/min)	涌出总量 (m^3/min)	月工作天数 (d)	月产煤量 (t)	说明
				风量 (m^3/min)	浓度 (%)	涌出量 (m^3/min)	风量 (m^3/min)	浓度 (%)	涌出量 (m^3/min)	风量 (m^3/min)	浓度 (%)	涌出量 (m^3/min)	风量 (m^3/min)	浓度 (%)	涌出量 (m^3/min)						
	瓦斯	上																			
		中																			
		下																			
	二氧化碳	上																			
		中																			
		下																			

（续）

测点名称	气体名称	旬别	日期	第一班			第二班			第三班			第四班			日平均风排量 (m^3/min)	抽采瓦斯量 (m^3/min)	涌出总量 (m^3/min)	月工作天数 (d)	月产煤量 (t)	说明
				风量 (m^3/min)	浓度 (%)	涌出量 (m^3/min)	风量 (m^3/min)	浓度 (%)	涌出量 (m^3/min)	风量 (m^3/min)	浓度 (%)	涌出量 (m^3/min)	风量 (m^3/min)	浓度 (%)	涌出量 (m^3/min)						
	瓦斯	上																			
		中																			
		下																			
	二氧化碳	上																			
		中																			
		下																			

说明：1. 月产量是指测定区域的月总产量；2. 根据需要可增加续表。

3. 矿井瓦斯等级鉴定和二氧化碳测定结果报告表

________矿________井　　　　　　　　　　____年____月

矿井、采区、工作面名称	气体名称	三旬中最大一天的涌出量（m^3/min）			月实际工作日数(d)	月产煤量(t)	月平均日产煤量(t/d)	相对涌出量(m^3/t)	矿井瓦斯等级	上年度瓦斯等级	上年度矿井瓦斯涌出量		说明
		风排量	抽采量	总量							绝对量(m^3/min)	相对量(m^3/t)	
矿井	瓦斯												
	二氧化碳												
	瓦斯												
	二氧化碳												

注：可加续表。

4. 矿井通风系统示意图及测点布置情况

注：通风系统复杂时可加页。

5. 矿井瓦斯来源分析

矿井瓦斯来源分析及说明：

6. 矿井煤尘爆炸性鉴定情况

情况说明：
复印件粘贴处：

7. 矿井火灾及煤层最短发火期、自燃倾向性鉴定情况

情况说明：
复印件粘贴处：

8. 煤与瓦斯突出、瓦斯喷出情况

瓦斯突出、喷出发生及鉴定情况：

9. 鉴定月生产状况及鉴定结果简要分析

当月生产状况：
鉴定结果简要分析：

10. 煤矿瓦斯等级鉴定结果表

矿井绝对瓦斯涌出量（m^3/min）	
矿井相对瓦斯涌出量（m^3/t）	
采面最大绝对瓦斯涌出量（m^3/min）	
掘进面最大绝对瓦斯涌出量（m^3/min）	
瓦斯动力现象情况	
瓦斯喷出情况	
鉴定月矿井生产状况	
上年度瓦斯等级	
本年度鉴定瓦斯等级	
鉴定机构（单位）公章 年 月 日	

中华人民共和国国家安全法
中华人民共和国反间谍法
中华人民共和国反间谍法实施细则
反间谍安全防范工作规定

中国法制出版社

目　　录

中华人民共和国国家安全法

（2015年7月1日第十二届全国人民代表大会常务委员会第十五次会议通过　2015年7月1日中华人民共和国主席令第29号公布　自公布之日起施行）

目　　录

第一章　总　　则

第一条　为了维护国家安全，保卫人民民主专政的政权和中国特色社会主义制度，保护人民的根本利益，保障改革开放和社会主义现代化建设的顺利进行，实现中华民族伟大复兴，根据宪法，制定本法。

第二条　国家安全是指国家政权、主权、统一和领土完整、人民福祉、经济社会可持续发展和国家其他重大利益相对处于没有危险和不受内外威胁的状态，以及保障持续安全状态的能力。

第三条　国家安全工作应当坚持总体国家安全观，以人民安全为宗旨，以政治安全为根本，以经济安全为基础，以军事、文化、社会安全为保障，以促进国际安全为依托，维护各领域国家安全，构建国家安全体系，走中国特色国家安全道路。

第四条 坚持中国共产党对国家安全工作的领导，建立集中统一、高效权威的国家安全领导体制。

第五条 中央国家安全领导机构负责国家安全工作的决策和议事协调，研究制定、指导实施国家安全战略和有关重大方针政策，统筹协调国家安全重大事项和重要工作，推动国家安全法治建设。

第六条 国家制定并不断完善国家安全战略，全面评估国际、国内安全形势，明确国家安全战略的指导方针、中长期目标、重点领域的国家安全政策、工作任务和措施。

第七条 维护国家安全，应当遵守宪法和法律，坚持社会主义法治原则，尊重和保障人权，依法保护公民的权利和自由。

第八条 维护国家安全，应当与经济社会发展相协调。

国家安全工作应当统筹内部安全和外部安全、国土安全和国民安全、传统安全和非传统安全、自身安全和共同安全。

第九条 维护国家安全，应当坚持预防为主、标本兼治，专门工作与群众路线相结合，充分发挥专门机关和其他有关机关维护国家安全的职能作用，广泛动员公民和组织，防范、制止和依法惩治危害国家安全的行为。

第十条 维护国家安全，应当坚持互信、互利、平等、协作，积极同外国政府和国际组织开展安全交流合作，履行国际安全义务，促进共同安全，维护世界和平。

第十一条 中华人民共和国公民、一切国家机关和武装力量、各政党和各人民团体、企业事业组织和其他社会组织，都有维护国家安全的责任和义务。

中国的主权和领土完整不容侵犯和分割。维护国家主权、统一和领土完整是包括港澳同胞和台湾同胞在内的全中国人民的共同义务。

第十二条 国家对在维护国家安全工作中作出突出贡献的个人和组织给予表彰和奖励。

第十三条 国家机关工作人员在国家安全工作和涉及国家安全活动中，滥用职权、玩忽职守、徇私舞弊的，依法追究法律责任。

任何个人和组织违反本法和有关法律，不履行维护国家安全义务或者从事危害国家安全活动的，依法追究法律责任。

第十四条 每年4月15日为全民国家安全教育日。

第二章 维护国家安全的任务

第十五条 国家坚持中国共产党的领导，维护中国特色社会主义制度，发展社会主义民主政治，健全社会主义法治，强化权力运行制约和监督机制，保障人民当家作主的各项权利。

国家防范、制止和依法惩治任何叛国、分裂国家、煽动叛乱、颠覆或者煽动颠覆人民民主专政政权的行为；防范、制止和依法惩治窃取、泄露国家秘密等危害国家安全的行为；防范、制止和依法惩治境外势力的渗透、破坏、颠覆、分裂活动。

第十六条 国家维护和发展最广大人民的根本利益，保卫人民安全，创造良好生存发展条件和安定工作生活环境，保障公民的生命财产安全和其他合法权益。

第十七条 国家加强边防、海防和空防建设，采取一切必要的防卫和管控措施，保卫领陆、内水、领海和领空安全，维护国家领土主权和海洋权益。

第十八条 国家加强武装力量革命化、现代化、正规化建设，建设与保卫国家安全和发展利益需要相适应的武装力量；实施积极防御军事战略方针，防备和抵御侵略，制止武装颠覆和分裂；开展国际军事安全合作，实施联合国维和、国际救援、海上护航和维护国家海外利益的军事行动，维护国家主权、安全、领土完整、发展利益和世界和平。

第十九条 国家维护国家基本经济制度和社会主义市场经济秩序，健全预防和化解经济安全风险的制度机制，保障关系国民经济命脉的重要行业和关键领域、重点产业、重大基础设施和重大建设项目以及其他重大经济利益安全。

第二十条 国家健全金融宏观审慎管理和金融风险防范、处置机制，加强金融基础设施和基础能力建设，防范和化解系统性、区域性金融风险，防范和抵御外部金融风险的冲击。

第二十一条 国家合理利用和保护资源能源，有效管控战略资源能源的开发，加强战略资源能源储备，完善资源能源运输战略通道建设和安全保护措施，加强国际资源能源合作，全面提升应急保障能力，保障经济社会发展所需的资源能源持续、可靠和有效供给。

第二十二条 国家健全粮食安全保障体系，保护和提高粮食综合生产能力，完善粮食储备制度、流通体系和市场调控机制，健全粮食安全预警制度，保障粮食供给和质量安全。

第二十三条 国家坚持社会主义先进文化前进方向，继承和弘扬中华民族优秀传统文化，培育和践行社会主义核心价值观，防范和抵制不良文化的影响，掌握意识形态领域主导权，增强文化整体实力和竞争力。

第二十四条 国家加强自主创新能力建设，加快发展自主可控的战略高新技术和重要领域核心关键技术，加强知识产权的运用、保护和科技保密能力建设，保障重大技术和工程的安全。

第二十五条 国家建设网络与信息安全保障体系，提升网络与信息安全保护能力，加强网络和信息技术的创新研究和开发应用，实现网络和信息核心技术、关键基础设施和重要领域信息系统及数据的安全可控；加强网络管理，防范、制止和依法惩治网络攻击、网络入侵、网络窃密、散布违法有害信息等网络违法犯罪行为，维护国家网络空间主权、安全和发展利益。

第二十六条 国家坚持和完善民族区域自治制度，巩固和发展平等团结互助和谐的社会主义民族关系。坚持各民族一律平等，加强民族交往、交流、交融，防范、制止和依法惩治民族分裂活动，维护国家统一、民族团结和社会和谐，实现各民族共同团结奋斗、共同繁荣发展。

第二十七条 国家依法保护公民宗教信仰自由和正常宗教活动，坚持宗教独立自主自办的原则，防范、制止和依法惩治利用宗教名义进行危害国家安全的违法犯罪活动，反对境外势力干涉境内宗教事务，维护正常宗教活动秩序。

国家依法取缔邪教组织，防范、制止和依法惩治邪教违法犯罪活动。

第二十八条 国家反对一切形式的恐怖主义和极端主义，加强防范和处置恐怖主义的能力建设，依法开展情报、调查、防范、处置以及资金监管等工作，依法取缔恐怖活动组织和严厉惩治暴力恐怖活动。

第二十九条 国家健全有效预防和化解社会矛盾的体制机制，健全公共安全体系，积极预防、减少和化解社会矛盾，妥善处置公共卫生、社会安全等影响国家安全和社会稳定的突发事件，促进社会和谐，维护公共安全和社会安定。

第三十条 国家完善生态环境保护制度体系，加大生态建设和环境保护力度，划定生态保护红线，强化生态风险的预警和防控，妥善处置突发环境事件，保障人民赖以生存发展的大气、水、土壤等自然环境和条件不受威胁和破坏，促进人与自然和谐发展。

第三十一条 国家坚持和平利用核能和核技术，加强国际合作，防止核扩散，完善防扩散机制，加强对核设施、核材料、核活动和核废料处置的安全管理、监管和保护，加强核事故应急体系和应急能力建设，防止、控制和消除核事故对公民生命健康和生态环境的危害，不断增强有效应对和防范核威胁、核攻击的能力。

第三十二条 国家坚持和平探索和利用外层空间、国际海底区域和极地，增强安全进出、科学考察、开发利用的能力，加强国际合作，维护我国在外层空间、国际海底区域和极地的活动、资产和其他利益的安全。

第三十三条 国家依法采取必要措施，保护海外中国公民、组织和机构的安全和正当权益，保护国家的海外利益不受威胁和侵害。

第三十四条 国家根据经济社会发展和国家发展利益的需要，不断完善维护国家安全的任务。

第三章 维护国家安全的职责

第三十五条 全国人民代表大会依照宪法规定，

决定战争和和平的问题，行使宪法规定的涉及国家安全的其他职权。

全国人民代表大会常务委员会依照宪法规定，决定战争状态的宣布，决定全国总动员或者局部动员，决定全国或者个别省、自治区、直辖市进入紧急状态，行使宪法规定的和全国人民代表大会授予的涉及国家安全的其他职权。

第三十六条　中华人民共和国主席根据全国人民代表大会的决定和全国人民代表大会常务委员会的决定，宣布进入紧急状态，宣布战争状态，发布动员令，行使宪法规定的涉及国家安全的其他职权。

第三十七条　国务院根据宪法和法律，制定涉及国家安全的行政法规，规定有关行政措施，发布有关决定和命令；实施国家安全法律法规和政策；依照法律规定决定省、自治区、直辖市的范围内部分地区进入紧急状态；行使宪法法律规定的和全国人民代表大会及其常务委员会授予的涉及国家安全的其他职权。

第三十八条　中央军事委员会领导全国武装力量，决定军事战略和武装力量的作战方针，统一指挥维护国家安全的军事行动，制定涉及国家安全的军事法规，发布有关决定和命令。

第三十九条 中央国家机关各部门按照职责分工，贯彻执行国家安全方针政策和法律法规，管理指导本系统、本领域国家安全工作。

第四十条 地方各级人民代表大会和县级以上地方各级人民代表大会常务委员会在本行政区域内，保证国家安全法律法规的遵守和执行。

地方各级人民政府依照法律法规规定管理本行政区域内的国家安全工作。

香港特别行政区、澳门特别行政区应当履行维护国家安全的责任。

第四十一条 人民法院依照法律规定行使审判权，人民检察院依照法律规定行使检察权，惩治危害国家安全的犯罪。

第四十二条 国家安全机关、公安机关依法搜集涉及国家安全的情报信息，在国家安全工作中依法行使侦查、拘留、预审和执行逮捕以及法律规定的其他职权。

有关军事机关在国家安全工作中依法行使相关职权。

第四十三条 国家机关及其工作人员在履行职责时，应当贯彻维护国家安全的原则。

国家机关及其工作人员在国家安全工作和涉及国家安全活动中，应当严格依法履行职责，不得超越职权、滥用职权，不得侵犯个人和组织的合法权益。

第四章 国家安全制度

第一节 一般规定

第四十四条 中央国家安全领导机构实行统分结合、协调高效的国家安全制度与工作机制。

第四十五条 国家建立国家安全重点领域工作协调机制，统筹协调中央有关职能部门推进相关工作。

第四十六条 国家建立国家安全工作督促检查和责任追究机制，确保国家安全战略和重大部署贯彻落实。

第四十七条 各部门、各地区应当采取有效措施，贯彻实施国家安全战略。

第四十八条 国家根据维护国家安全工作需要，建立跨部门会商工作机制，就维护国家安全工作的重大事项进行会商研判，提出意见和建议。

第四十九条 国家建立中央与地方之间、部门之间、军地之间以及地区之间关于国家安全的协同联动机制。

第五十条 国家建立国家安全决策咨询机制，组织专家和有关方面开展对国家安全形势的分析研判，推进国家安全的科学决策。

第二节 情报信息

第五十一条 国家健全统一归口、反应灵敏、准确高效、运转顺畅的情报信息收集、研判和使用制度，建立情报信息工作协调机制，实现情报信息的及时收集、准确研判、有效使用和共享。

第五十二条 国家安全机关、公安机关、有关军事机关根据职责分工，依法搜集涉及国家安全的情报信息。

国家机关各部门在履行职责过程中，对于获取的涉及国家安全的有关信息应当及时上报。

第五十三条 开展情报信息工作，应当充分运用现代科学技术手段，加强对情报信息的鉴别、筛选、综合和研判分析。

第五十四条 情报信息的报送应当及时、准确、客观，不得迟报、漏报、瞒报和谎报。

第三节 风险预防、评估和预警

第五十五条 国家制定完善应对各领域国家安全风险预案。

第五十六条 国家建立国家安全风险评估机制，定期开展各领域国家安全风险调查评估。

有关部门应当定期向中央国家安全领导机构提交国家安全风险评估报告。

第五十七条 国家健全国家安全风险监测预警制度，根据国家安全风险程度，及时发布相应风险预警。

第五十八条 对可能即将发生或者已经发生的危

害国家安全的事件，县级以上地方人民政府及其有关主管部门应当立即按照规定向上一级人民政府及其有关主管部门报告，必要时可以越级上报。

第四节　审查监管

第五十九条　国家建立国家安全审查和监管的制度和机制，对影响或者可能影响国家安全的外商投资、特定物项和关键技术、网络信息技术产品和服务、涉及国家安全事项的建设项目，以及其他重大事项和活动，进行国家安全审查，有效预防和化解国家安全风险。

第六十条　中央国家机关各部门依照法律、行政法规行使国家安全审查职责，依法作出国家安全审查决定或者提出安全审查意见并监督执行。

第六十一条　省、自治区、直辖市依法负责本行政区域内有关国家安全审查和监管工作。

第五节　危机管控

第六十二条　国家建立统一领导、协同联动、有序高效的国家安全危机管控制度。

第六十三条 发生危及国家安全的重大事件，中央有关部门和有关地方根据中央国家安全领导机构的统一部署，依法启动应急预案，采取管控处置措施。

第六十四条 发生危及国家安全的特别重大事件，需要进入紧急状态、战争状态或者进行全国总动员、局部动员的，由全国人民代表大会、全国人民代表大会常务委员会或者国务院依照宪法和有关法律规定的权限和程序决定。

第六十五条 国家决定进入紧急状态、战争状态或者实施国防动员后，履行国家安全危机管控职责的有关机关依照法律规定或者全国人民代表大会常务委员会规定，有权采取限制公民和组织权利、增加公民和组织义务的特别措施。

第六十六条 履行国家安全危机管控职责的有关机关依法采取处置国家安全危机的管控措施，应当与国家安全危机可能造成的危害的性质、程度和范围相适应；有多种措施可供选择的，应当选择有利于最大程度保护公民、组织权益的措施。

第六十七条 国家健全国家安全危机的信息报告和发布机制。

国家安全危机事件发生后，履行国家安全危机管控职责的有关机关，应当按照规定准确、及时报告，并依法将有关国家安全危机事件发生、发展、管控处置及善后情况统一向社会发布。

第六十八条 国家安全威胁和危害得到控制或者消除后，应当及时解除管控处置措施，做好善后工作。

第五章 国家安全保障

第六十九条 国家健全国家安全保障体系，增强维护国家安全的能力。

第七十条 国家健全国家安全法律制度体系，推动国家安全法治建设。

第七十一条 国家加大对国家安全各项建设的投入，保障国家安全工作所需经费和装备。

第七十二条 承担国家安全战略物资储备任务的单位，应当按照国家有关规定和标准对国家安全物资进行收储、保管和维护，定期调整更换，保证储备物资的使用效能和安全。

第七十三条 鼓励国家安全领域科技创新，发挥科技在维护国家安全中的作用。

第七十四条 国家采取必要措施，招录、培养和管理国家安全工作专门人才和特殊人才。

根据维护国家安全工作的需要，国家依法保护有关机关专门从事国家安全工作人员的身份和合法权益，加大人身保护和安置保障力度。

第七十五条 国家安全机关、公安机关、有关军事机关开展国家安全专门工作，可以依法采取必要手段和方式，有关部门和地方应当在职责范围内提供支持和配合。

第七十六条 国家加强国家安全新闻宣传和舆论引导，通过多种形式开展国家安全宣传教育活动，将国家安全教育纳入国民教育体系和公务员教育培训体系，增强全民国家安全意识。

第六章　公民、组织的义务和权利

第七十七条　公民和组织应当履行下列维护国家安全的义务：

（一）遵守宪法、法律法规关于国家安全的有关规定；

（二）及时报告危害国家安全活动的线索；

（三）如实提供所知悉的涉及危害国家安全活动的证据；

（四）为国家安全工作提供便利条件或者其他协助；

（五）向国家安全机关、公安机关和有关军事机关提供必要的支持和协助；

（六）保守所知悉的国家秘密；

（七）法律、行政法规规定的其他义务。

任何个人和组织不得有危害国家安全的行为，不得向危害国家安全的个人或者组织提供任何资助或者协助。

第七十八条 机关、人民团体、企业事业组织和其他社会组织应当对本单位的人员进行维护国家安全的教育，动员、组织本单位的人员防范、制止危害国家安全的行为。

第七十九条 企业事业组织根据国家安全工作的要求，应当配合有关部门采取相关安全措施。

第八十条 公民和组织支持、协助国家安全工作的行为受法律保护。

因支持、协助国家安全工作，本人或者其近亲属的人身安全面临危险的，可以向公安机关、国家安全机关请求予以保护。公安机关、国家安全机关应当会同有关部门依法采取保护措施。

第八十一条 公民和组织因支持、协助国家安全工作导致财产损失的，按照国家有关规定给予补偿；造成人身伤害或者死亡的，按照国家有关规定给予抚恤优待。

第八十二条 公民和组织对国家安全工作有向国家机关提出批评建议的权利，对国家机关及其工作人员在国家安全工作中的违法失职行为有提出申诉、控告和检举的权利。

第八十三条 在国家安全工作中，需要采取限制公民权利和自由的特别措施时，应当依法进行，并以维护国家安全的实际需要为限度。

第七章 附　　则

第八十四条 本法自公布之日起施行。

中华人民共和国反间谍法

（2014 年 11 月 1 日第十二届全国人民代表大会常务委员会第十一次会议通过　2014 年 11 月 1 日中华人民共和国主席令第 16 号公布　自公布之日起施行）

目　　录

第一章　总　　则

第一条　为了防范、制止和惩治间谍行为，维护国家安全，根据宪法，制定本法。

第二条 反间谍工作坚持中央统一领导，坚持公开工作与秘密工作相结合、专门工作与群众路线相结合、积极防御、依法惩治的原则。

第三条 国家安全机关是反间谍工作的主管机关。

公安、保密行政管理等其他有关部门和军队有关部门按照职责分工，密切配合，加强协调，依法做好有关工作。

第四条 中华人民共和国公民有维护国家的安全、荣誉和利益的义务，不得有危害国家的安全、荣誉和利益的行为。

一切国家机关和武装力量、各政党和各社会团体及各企业事业组织，都有防范、制止间谍行为，维护国家安全的义务。

国家安全机关在反间谍工作中必须依靠人民的支持，动员、组织人民防范、制止危害国家安全的间谍行为。

第五条 反间谍工作应当依法进行，尊重和保障人权，保障公民和组织的合法权益。

第六条 境外机构、组织、个人实施或者指使、资助他人实施的，或者境内机构、组织、个人与境外机构、组织、个人相勾结实施的危害中华人民共和国国家安全的间谍行为，都必须受到法律追究。

第七条 国家对支持、协助反间谍工作的组织和个人给予保护，对有重大贡献的给予奖励。

第二章 国家安全机关在反间谍工作中的职权

第八条 国家安全机关在反间谍工作中依法行使侦查、拘留、预审和执行逮捕以及法律规定的其他职权。

第九条 国家安全机关的工作人员依法执行任务时，依照规定出示相应证件，有权查验中国公民或者境外人员的身份证明，向有关组织和人员调查、询问有关情况。

第十条 国家安全机关的工作人员依法执行任务时，依照规定出示相应证件，可以进入有关场所、单位；根据国家有关规定，经过批准，出示相应证件，可以进入限制进入的有关地区、场所、单位，查阅或者调取有关的档案、资料、物品。

第十一条 国家安全机关的工作人员在依法执行紧急任务的情况下，经出示相应证件，可以优先乘坐公共交通工具，遇交通阻碍时，优先通行。

国家安全机关因反间谍工作需要，按照国家有关规定，可以优先使用或者依法征用机关、团体、企业事业组织和个人的交通工具、通信工具、场地和建筑物，必要时，可以设置相关工作场所和设备、设施，任务完成后应当及时归还或者恢复原状，并依照规定支付相应费用；造成损失的，应当补偿。

第十二条 国家安全机关因侦察间谍行为的需要，根据国家有关规定，经过严格的批准手续，可以采取技术侦察措施。

第十三条 国家安全机关因反间谍工作需要，可以依照规定查验有关组织和个人的电子通信工具、器材等设备、设施。查验中发现存在危害国家安全情形的，国家安全机关应当责令其整改；拒绝整改或者整改后仍不符合要求的，可以予以查封、扣押。

对依照前款规定查封、扣押的设备、设施，在危害国家安全的情形消除后，国家安全机关应当及时解除查封、扣押。

第十四条 国家安全机关因反间谍工作需要，根据国家有关规定，可以提请海关、边防等检查机关对有关人员和资料、器材免检。有关检查机关应当予以协助。

第十五条 国家安全机关对用于间谍行为的工具和其他财物，以及用于资助间谍行为的资金、场所、物资，经设区的市级以上国家安全机关负责人批准，可以依法查封、扣押、冻结。

第十六条 国家安全机关根据反间谍工作需要，可以会同有关部门制定反间谍技术防范标准，指导有关部门落实反间谍技术防范措施，对存在隐患的部门，经过严格的批准手续，可以进行反间谍技术防范检查和检测。

第十七条 国家安全机关及其工作人员在工作中，应当严格依法办事，不得超越职权、滥用职权，不得侵犯组织和个人的合法权益。

国家安全机关及其工作人员依法履行反间谍工作职责获取的组织和个人的信息、材料，只能用于反间谍工作。对属于国家秘密、商业秘密和个人隐私的，应当保密。

第十八条 国家安全机关工作人员依法执行职务受法律保护。

第三章 公民和组织的义务和权利

第十九条 机关、团体和其他组织应当对本单位的人员进行维护国家安全的教育，动员、组织本单位的人员防范、制止间谍行为。

第二十条 公民和组织应当为反间谍工作提供便利或者其他协助。

因协助反间谍工作，本人或者其近亲属的人身安全面临危险的，可以向国家安全机关请求予以保护。国家安全机关应当会同有关部门依法采取保护措施。

第二十一条 公民和组织发现间谍行为，应当及时向国家安全机关报告；向公安机关等其他国家机关、组织报告的，相关国家机关、组织应当立即移送国家安全机关处理。

第二十二条 在国家安全机关调查了解有关间谍行为的情况、收集有关证据时，有关组织和个人应当如实提供，不得拒绝。

第二十三条 任何公民和组织都应当保守所知悉的有关反间谍工作的国家秘密。

第二十四条 任何个人和组织都不得非法持有属于国家秘密的文件、资料和其他物品。

第二十五条 任何个人和组织都不得非法持有、使用间谍活动特殊需要的专用间谍器材。专用间谍器材由国务院国家安全主管部门依照国家有关规定确认。

第二十六条 任何个人和组织对国家安全机关及其工作人员超越职权、滥用职权和其他违法行为，都有权向上级国家安全机关或者有关部门检举、控告。受理检举、控告的国家安全机关或者有关部门应当及时查清事实，负责处理，并将处理结果及时告知检举人、控告人。

对协助国家安全机关工作或者依法检举、控告的个人和组织，任何个人和组织不得压制和打击报复。

第四章　法律责任

第二十七条　境外机构、组织、个人实施或者指使、资助他人实施，或者境内机构、组织、个人与境外机构、组织、个人相勾结实施间谍行为，构成犯罪的，依法追究刑事责任。

实施间谍行为，有自首或者立功表现的，可以从轻、减轻或者免除处罚；有重大立功表现的，给予奖励。

第二十八条　在境外受胁迫或者受诱骗参加敌对组织、间谍组织，从事危害中华人民共和国国家安全的活动，及时向中华人民共和国驻外机构如实说明情况，或者入境后直接或者通过所在单位及时向国家安全机关、公安机关如实说明情况，并有悔改表现的，可以不予追究。

第二十九条　明知他人有间谍犯罪行为，在国家安全机关向其调查有关情况、收集有关证据时，拒绝提供的，由其所在单位或者上级主管部门予以处分，或者由国家安全机关处十五日以下行政拘留；构成犯罪的，依法追究刑事责任。

第三十条 以暴力、威胁方法阻碍国家安全机关依法执行任务的，依法追究刑事责任。

故意阻碍国家安全机关依法执行任务，未使用暴力、威胁方法，造成严重后果的，依法追究刑事责任；情节较轻的，由国家安全机关处十五日以下行政拘留。

第三十一条 泄露有关反间谍工作的国家秘密的，由国家安全机关处十五日以下行政拘留；构成犯罪的，依法追究刑事责任。

第三十二条 对非法持有属于国家秘密的文件、资料和其他物品的，以及非法持有、使用专用间谍器材的，国家安全机关可以依法对其人身、物品、住处和其他有关的地方进行搜查；对其非法持有的属于国家秘密的文件、资料和其他物品，以及非法持有、使用的专用间谍器材予以没收。非法持有属于国家秘密的文件、资料和其他物品，构成犯罪的，依法追究刑事责任；尚不构成犯罪的，由国家安全机关予以警告或者处十五日以下行政拘留。

第三十三条 隐藏、转移、变卖、损毁国家安全机关依法查封、扣押、冻结的财物的，或者明知是间谍活动的涉案财物而窝藏、转移、收购、代为销售或者以其他方法掩饰、隐瞒的，由国家安全机关追回。构成犯罪的，依法追究刑事责任。

第三十四条 境外人员违反本法的，可以限期离境或者驱逐出境。

第三十五条 当事人对行政处罚决定、行政强制措施决定不服的，可以自接到决定书之日起六十日内，向作出决定的上一级机关申请复议；对复议决定不服的，可以自接到复议决定书之日起十五日内向人民法院提起诉讼。

第三十六条 国家安全机关对依照本法查封、扣押、冻结的财物，应当妥善保管，并按照下列情形分别处理：

（一）涉嫌犯罪的，依照刑事诉讼法的规定处理；

（二）尚不构成犯罪，有违法事实的，对依法应当没收的予以没收，依法应当销毁的予以销毁；

（三）没有违法事实的，或者与案件无关的，应当解除查封、扣押、冻结，并及时返还相关财物；造成损失的，应当依法赔偿。

国家安全机关没收的财物，一律上缴国库。

第三十七条 国家安全机关工作人员滥用职权、玩忽职守、徇私舞弊，构成犯罪的，或者有非法拘禁、刑讯逼供、暴力取证、违反规定泄露国家秘密、商业秘密和个人隐私等行为，构成犯罪的，依法追究刑事责任。

第五章 附 则

第三十八条 本法所称间谍行为，是指下列行为：

（一）间谍组织及其代理人实施或者指使、资助他人实施，或者境内外机构、组织、个人与其相勾结实施的危害中华人民共和国国家安全的活动；

（二）参加间谍组织或者接受间谍组织及其代理人的任务的；

（三）间谍组织及其代理人以外的其他境外机构、组织、个人实施或者指使、资助他人实施，或者境内机构、组织、个人与其相勾结实施的窃取、刺探、收买或者非法提供国家秘密或者情报，或者策动、引诱、收买国家工作人员叛变的活动；

（四）为敌人指示攻击目标的；

（五）进行其他间谍活动的。

第三十九条　国家安全机关、公安机关依照法律、行政法规和国家有关规定，履行防范、制止和惩治间谍行为以外的其他危害国家安全行为的职责，适用本法的有关规定。

第四十条　本法自公布之日起施行。1993 年 2 月 22 日第七届全国人民代表大会常务委员会第三十次会议通过的《中华人民共和国国家安全法》同时废止。

中华人民共和国反间谍法实施细则

（2017 年 11 月 22 日中华人民共和国国务院令第 692 号公布　自公布之日起施行）

第一章　总　　则

第一条　根据《中华人民共和国反间谍法》（以下简称《反间谍法》），制定本实施细则。

第二条　国家安全机关负责本细则的实施。

公安、保密行政管理等其他有关部门和军队有关部门按照职责分工，密切配合，加强协调，依法做好有关工作。

第三条　《反间谍法》所称“境外机构、组织”包括境外机构、组织在中华人民共和国境内设立的分支（代表）机构和分支组织；所称“境外个人”包括居住在中华人民共和国境内不具有中华人民共和国国籍的人。

第四条 《反间谍法》所称“间谍组织代理人”，是指受间谍组织或者其成员的指使、委托、资助，进行或者授意、指使他人进行危害中华人民共和国国家安全活动的人。

间谍组织和间谍组织代理人由国务院国家安全主管部门确认。

第五条 《反间谍法》所称“敌对组织”，是指敌视中华人民共和国人民民主专政的政权和社会主义制度，危害国家安全的组织。

敌对组织由国务院国家安全主管部门或者国务院公安部门确认。

第六条 《反间谍法》所称“资助”实施危害中华人民共和国国家安全的间谍行为，是指境内外机构、组织、个人的下列行为：

（一）向实施间谍行为的组织、个人提供经费、场所和物资的；

（二）向组织、个人提供用于实施间谍行为的经费、场所和物资的。

第七条 《反间谍法》所称“勾结”实施危害中

华人民共和国国家安全的间谍行为，是指境内外组织、个人的下列行为：

（一）与境外机构、组织、个人共同策划或者进行危害国家安全的间谍活动的；

（二）接受境外机构、组织、个人的资助或者指使，进行危害国家安全的间谍活动的；

（三）与境外机构、组织、个人建立联系，取得支持、帮助，进行危害国家安全的间谍活动的。

第八条 下列行为属于《反间谍法》第三十九条所称“间谍行为以外的其他危害国家安全行为”：

（一）组织、策划、实施分裂国家、破坏国家统一，颠覆国家政权、推翻社会主义制度的；

（二）组织、策划、实施危害国家安全的恐怖活动的；

（三）捏造、歪曲事实，发表、散布危害国家安全的文字或者信息，或者制作、传播、出版危害国家安全的音像制品或者其他出版物的；

（四）利用设立社会团体或者企业事业组织，进行危害国家安全活动的；

（五）利用宗教进行危害国家安全活动的；

（六）组织、利用邪教进行危害国家安全活动的；

（七）制造民族纠纷，煽动民族分裂，危害国家安全的；

（八）境外个人违反有关规定，不听劝阻，擅自会见境内有危害国家安全行为或者有危害国家安全行为重大嫌疑的人员的。

第二章 国家安全机关在反间谍工作中的职权

第九条 境外个人被认为入境后可能进行危害中华人民共和国国家安全活动的，国务院国家安全主管部门可以决定其在一定时期内不得入境。

第十条 对背叛祖国、危害国家安全的犯罪嫌疑人，依据《反间谍法》第八条的规定，国家安全机关可以通缉、追捕。

第十一条 国家安全机关依法执行反间谍工作任务时，有权向有关组织和人员调查询问有关情况。

第十二条　国家安全机关工作人员依法执行反间谍工作任务时，对发现身份不明、有危害国家安全行为的嫌疑人员，可以检查其随带物品。

第十三条　国家安全机关执行反间谍工作紧急任务的车辆，可以配置特别通行标志和警灯、警报器。

第十四条　国家安全机关工作人员依法执行反间谍工作任务的行为，不受其他组织和个人的非法干涉。

国家安全机关工作人员依法执行反间谍工作任务时，应当出示国家安全部侦察证或者其他相应证件。

国家安全机关及其工作人员在工作中，应当严格依法办事，不得超越职权、滥用职权，不得侵犯组织和个人的合法权益。

第三章　公民和组织维护国家安全的义务和权利

第十五条　机关、团体和其他组织对本单位的人员进行维护国家安全的教育，动员、组织本单位的人员防范、制止间谍行为的工作，应当接受国家安全机关的协调和指导。

机关、团体和其他组织不履行《反间谍法》和本细则规定的安全防范义务，未按照要求整改或者未达到整改要求的，国家安全机关可以约谈相关负责人，将约谈情况通报该单位上级主管部门，推动落实防范间谍行为和其他危害国家安全行为的责任。

第十六条 下列情形属于《反间谍法》第七条所称“重大贡献”：

（一）为国家安全机关提供重要线索，发现、破获严重危害国家安全的犯罪案件的；

（二）为国家安全机关提供重要情况，防范、制止严重危害国家安全的行为发生的；

（三）密切配合国家安全机关执行国家安全工作任务，表现突出的；

（四）为维护国家安全，与危害国家安全的犯罪分子进行斗争，表现突出的；

（五）在教育、动员、组织本单位的人员防范、制止危害国家安全行为的工作中，成绩显著的。

第十七条 《反间谍法》第二十四条所称“非法

持有属于国家秘密的文件、资料和其他物品”是指：

（一）不应知悉某项国家秘密的人员携带、存放属于该项国家秘密的文件、资料和其他物品的；

（二）可以知悉某项国家秘密的人员，未经办理手续，私自携带、留存属于该项国家秘密的文件、资料和其他物品的。

第十八条 《反间谍法》第二十五条所称“专用间谍器材”，是指进行间谍活动特殊需要的下列器材：

（一）暗藏式窃听、窃照器材；

（二）突发式收发报机、一次性密码本、密写工具；

（三）用于获取情报的电子监听、截收器材；

（四）其他专用间谍器材。

专用间谍器材的确认，由国务院国家安全主管部门负责。

第四章 法 律 责 任

第十九条 实施危害国家安全的行为，由有关部门依法予以处分，国家安全机关也可以予以警告；构成犯罪的，依法追究刑事责任。

第二十条 下列情形属于《反间谍法》第二十七条所称“立功表现”：

（一）揭发、检举危害国家安全的其他犯罪分子，情况属实的；

（二）提供重要线索、证据，使危害国家安全的行为得以发现和制止的；

（三）协助国家安全机关、司法机关捕获其他危害国家安全的犯罪分子的；

（四）对协助国家安全机关维护国家安全有重要作用的其他行为。

“重大立功表现”，是指在前款所列立功表现的范围内对国家安全工作有特别重要作用的。

第二十一条 有证据证明知道他人有间谍行为，或者经国家安全机关明确告知他人有危害国家安全的犯罪行为，在国家安全机关向其调查有关情况、收集有关证据时，拒绝提供的，依照《反间谍法》第二十九条的规定处理。

第二十二条 国家安全机关依法执行反间谍工作

任务时，公民和组织依法有义务提供便利条件或者其他协助，拒不提供或者拒不协助，构成故意阻碍国家安全机关依法执行反间谍工作任务的，依照《反间谍法》第三十条的规定处罚。

第二十三条 故意阻碍国家安全机关依法执行反间谍工作任务，造成国家安全机关工作人员人身伤害或者财物损失的，应当依法承担赔偿责任，并由司法机关或者国家安全机关依照《反间谍法》第三十条的规定予以处罚。

第二十四条 对涉嫌间谍行为的人员，国家安全机关可以决定其在一定期限内不得出境。对违反《反间谍法》的境外个人，国务院国家安全主管部门可以决定限期离境或者驱逐出境，并决定其不得入境的期限。被驱逐出境的境外个人，自被驱逐出境之日起10年内不得入境。

第五章 附 则

第二十五条 国家安全机关、公安机关依照法律、行政法规和国家有关规定，履行防范、制止和惩治间谍行为以外的其他危害国家安全行为的职责，适用本细则的有关规定。

第二十六条 本细则自公布之日起施行。1994 年 6 月 4 日国务院发布的《中华人民共和国国家安全法实施细则》同时废止。

反间谍安全防范工作规定

（2021 年 4 月 26 日中华人民共和国国家安全部令 2021 年第 1 号公布　自公布之日起施行）

第一章　总　　则

第一条　为了加强和规范反间谍安全防范工作，督促机关、团体、企业事业组织和其他社会组织落实反间谍安全防范责任，根据《中华人民共和国国家安全法》《中华人民共和国反间谍法》《中华人民共和国反间谍法实施细则》等有关法律法规，制定本规定。

第二条　机关、团体、企业事业组织和其他社会组织在国家安全机关的协调和指导下开展反间谍安全防范工作，适用本规定。

第三条　开展反间谍安全防范工作，应当坚持中央统一领导，坚持总体国家安全观，坚持专门工作与群众路线相结合，坚持人防物防技防相结合，严格遵守法定权限和程序，尊重和保障人权，保护公民、组织的合法权益。

第四条 机关、团体、企业事业组织和其他社会组织承担本单位反间谍安全防范工作的主体责任，应当对本单位的人员进行维护国家安全的教育，动员、组织本单位的人员防范、制止间谍行为和其他危害国家安全的行为。

行业主管部门在其职权范围内，监督管理本行业反间谍安全防范工作。

第五条 各级国家安全机关按照管理权限，依法对机关、团体、企业事业组织和其他社会组织开展反间谍安全防范工作进行业务指导和督促检查。

第六条 国家安全机关及其工作人员对履行反间谍安全防范指导和检查工作职责中知悉的国家秘密、工作秘密、商业秘密、个人隐私和个人信息，应当严格保密，不得泄露或者向他人非法提供。

第二章 反间谍安全防范责任

第七条 行业主管部门应当履行下列反间谍安全防范监督管理责任：

（一）根据主管行业特点，明确本行业反间谍安全防范工作要求；

（二）配合国家安全机关制定主管行业反间谍安全防范重点单位名录、开展反间谍安全防范工作；

（三）指导、督促主管行业所属重点单位履行反间谍安全防范义务；

（四）其他应当履行的反间谍安全防范行业管理责任。

有关行业主管部门应当与国家安全机关建立健全反间谍安全防范协作机制，加强信息互通、情况会商、协同指导、联合督查，共同做好反间谍安全防范工作。

第八条 机关、团体、企业事业组织和其他社会组织应当落实反间谍安全防范主体责任，履行下列义务：

（一）开展反间谍安全防范教育、培训，提高本单位人员的安全防范意识和应对能力；

（二）加强本单位反间谍安全防范管理，落实有关安全防范措施；

（三）及时向国家安全机关报告涉及间谍行为和其他危害国家安全行为的可疑情况；

（四）为国家安全机关依法执行任务提供便利或者其他协助；

（五）妥善应对和处置涉及本单位和本单位人员的反间谍安全防范突发情况；

（六）其他应当履行的反间谍安全防范义务。

第九条 国家安全机关根据单位性质、所属行业、涉密等级、涉外程度以及是否发生过危害国家安全案事件等因素，会同有关部门制定并定期调整反间谍安全防范重点单位名录，以书面形式告知重点单位。反间谍安全防范重点单位除履行本规定第八条规定的义务外，还应当履行下列义务：

（一）建立健全反间谍安全防范工作制度；

（二）明确本单位相关机构和人员承担反间谍安全防范职责；

（三）加强对涉密事项、场所、载体、数据、岗位和人员的日常安全防范管理，对涉密人员实行上岗前反间谍安全防范审查，与涉密人员签订安全防范承诺书；

（四）组织涉密、涉外人员向本单位报告涉及国家安全事项，并做好数据信息动态管理；

（五）做好涉外交流合作中的反间谍安全防范工作，制定并落实有关预案措施；

（六）做好本单位出国（境）团组、人员和长期驻外人员的反间谍安全防范行前教育、境外管理和回国（境）访谈工作；

（七）定期对涉密、涉外人员开展反间谍安全防范教育、培训；

（八）按照反间谍技术安全防范标准，配备必要的设备、设施，落实有关技术安全防范措施；

（九）定期对本单位反间谍安全防范工作进行自查，及时发现和消除安全隐患。

第十条 关键信息基础设施运营者除履行本规定第八条规定的义务外，还应当履行下列义务：

（一）对本单位安全管理机构负责人和关键岗位

人员进行反间谍安全防范审查；

（二）定期对从业人员进行反间谍安全防范教育、培训；

（三）采取反间谍技术安全防范措施，防范、制止境外网络攻击、网络入侵、网络窃密等间谍行为，保障网络和信息核心技术、关键基础设施和重要领域信息系统及数据的安全。

列入反间谍安全防范重点单位名录的关键信息基础设施运营者，还应当履行本规定第九条规定的义务。

第三章　反间谍安全防范指导

第十一条　国家安全机关可以通过下列方式，对机关、团体、企业事业组织和其他社会组织落实反间谍安全防范责任进行指导：

（一）提供工作手册、指南等宣传教育材料；

（二）印发书面指导意见；

（三）举办工作培训；

（四）召开工作会议；

（五）提醒、劝告；

（六）其他指导方式。

第十二条 国家安全机关定期分析反间谍安全防范形势，开展风险评估，通报有关单位，向有关单位提出加强和改进反间谍安全防范工作的意见和建议。

第十三条 国家安全机关运用网络、媒体平台、国家安全教育基地（馆）等，开展反间谍安全防范宣传教育。

第十四条 国家安全机关会同教育主管部门，指导学校向全体师生开展反间谍安全防范教育，对参加出国（境）学习、交流的师生加强反间谍安全防范行前教育和回国（境）访谈。

第十五条 国家安全机关会同科技主管部门，指导各类科研机构向科研人员开展反间谍安全防范教育，对参加出国（境）学习、交流的科研人员加强反间谍安全防范行前教育和回国（境）访谈。

第十六条 国家安全机关会同有关部门，组织、动员居（村）民委员会结合本地实际配合开展群众性反间谍安全防范宣传教育。

第十七条 国家安全机关会同宣传主管部门，协调和指导广播、电视、报刊、互联网等媒体开展反间谍安全防范宣传活动，制作、刊登、播放反间谍安全防范公益广告、典型案例、宣传教育节目或者其他宣传品，提高公众反间谍安全防范意识。

第十八条 公民、组织可以通过国家安全机关12339举报受理电话、网络举报受理平台或者国家安全机关公布的其他举报方式，举报间谍行为和其他危害国家安全的行为，以及各类反间谍安全防范问题线索。

第十九条 国家安全机关应当严格为举报人保密，保护举报人的人身财产安全。未经举报人同意，不得以任何方式公开或者泄露其个人信息。

公民因举报间谍行为或者其他危害国家安全行为，本人或者其近亲属的人身安全面临危险的，可以向国家安全机关请求予以保护。国家安全机关应当会同有关部门依法采取保护措施。

第二十条 对反间谍安全防范工作中取得显著成绩或者做出重大贡献的单位和个人，符合下列条件之一的，国家安全机关可以按照国家有关规定，会同有关部门、单位给予表彰、奖励：

（一）提供重要情况或者线索，为国家安全机关发现、破获间谍案件或者其他危害国家安全案件，或者为有关单位防范、消除涉及国家安全的重大风险隐患或者现实危害发挥重要作用的；

（二）密切配合国家安全机关执行任务，表现突出的；

（三）防范、制止间谍行为或者其他危害国家安全行为，表现突出的；

（四）主动采取措施，及时消除本单位涉及国家安全的重大风险隐患或者现实危害，挽回重大损失的；

（五）在反间谍安全防范工作中，有重大创新或者成效特别显著的；

（六）在反间谍安全防范工作中做出其他重大贡献的。

第四章　反间谍安全防范检查

第二十一条　国家安全机关对有下列情形之一

的，经设区的市级以上国家安全机关负责人批准，并出具法律文书，可以对机关、团体、企业事业组织和其他社会组织开展反间谍安全防范检查：

（一）发现反间谍安全防范风险隐患；

（二）接到反间谍安全防范问题线索举报；

（三）依据有关单位的申请；

（四）因其他反间谍安全防范工作需要。

第二十二条 国家安全机关可以通过下列方式对机关、团体、企业事业组织和其他社会组织的反间谍安全防范工作进行检查：

（一）向有关单位和人员了解情况；

（二）调阅有关资料；

（三）听取有关工作说明；

（四）进入有关单位、场所实地查看；

（五）查验电子通信工具、器材等设备、设施；

（六）反间谍技术防范检查和检测；

（七）其他法律、法规、规章授权的检查方式。

第二十三条 经设区的市级以上国家安全机关负责人批准，国家安全机关可以对存在风险隐患的机关、团体、企业事业组织和其他社会组织的相关部位、场所和建筑物、内部设备设施、强弱电系统、计算机网络及信息系统、关键信息基础设施等开展反间谍技术防范检查检测，防范、发现和处置危害国家安全的情况。

第二十四条 国家安全机关可以采取下列方式开展反间谍技术防范检查检测：

（一）进入有关单位、场所，进行现场技术检查；

（二）使用专用设备，对有关部位、场所、链路、网络进行技术检测；

（三）对有关设备设施、网络、系统进行远程技术检测。

第二十五条 国家安全机关开展反间谍技术防范现场检查检测时，检查人员不得少于两人，并应当出示相应证件。

国家安全机关开展远程技术检测，应当事先告知被检测对象检测时间、检测范围等事项。

检查检测人员应当制作检查检测记录，如实记录检查检测情况。

第二十六条 国家安全机关在开展反间谍技术防范检查检测中，为防止危害发生或者扩大，可以依法责令被检查对象采取技术屏蔽、隔离、拆除或者停止使用相关设备设施、网络、系统等整改措施，指导和督促有关措施的落实，并在检查检测记录中注明。

第二十七条 国家安全机关可以根据反间谍安全防范检查情况，向被检查单位提出加强和改进反间谍安全防范工作的意见和建议，督促有关单位落实反间谍安全防范责任和义务。

第五章 法律责任

第二十八条 机关、团体、企业事业组织和其他社会组织违反本规定，有下列情形之一的，国家安全机关可以依法责令限期整改；被责令整改单位应当于整改期限届满前向国家安全机关提交整改报告，国家安全机关应当自收到整改报告之日起十五个工作日内对整改情况进行检查：

（一）不认真履行反间谍安全防范责任和义务，

安全防范工作措施不落实或者落实不到位，存在明显问题隐患的；

（二）不接受国家安全机关反间谍安全防范指导和检查的；

（三）发生间谍案件，叛逃案件，为境外窃取、刺探、收买、非法提供国家秘密、情报案件，以及其他危害国家安全案事件的；

（四）发现涉及间谍行为和其他危害国家安全行为的可疑情况，迟报、漏报、瞒报，造成不良后果或者影响的；

（五）不配合或者阻碍国家安全机关依法执行任务的。

对未按照要求整改或者未达到整改要求的，国家安全机关可以依法约谈相关负责人，并将约谈情况通报该单位上级主管部门。

第二十九条 机关、团体、企业事业组织和其他社会组织及其工作人员未履行或者未按照规定履行反间谍安全防范责任和义务，造成不良后果或者影响的，国家安全机关可以向有关机关、单位移送问题线索，建议有关机关、单位按照管理权限对负有责任的领导人员和直接责任人员依规依纪依法予以处理；构成犯罪的，依法追究刑事责任。

第三十条 国家安全机关及其工作人员在反间谍安全防范指导和检查工作中，滥用职权、玩忽职守、徇私舞弊的，对负有责任的领导人员和直接责任人员依规依纪依法予以处理；构成犯罪的，依法追究刑事责任。

第六章 附 则

第三十一条 本规定自公布之日起施行。

图书在版编目（CIP）数据

中华人民共和国国家安全法　中华人民共和国反间谍法　中华人民共和国反间谍法实施细则　反间谍安全防范工作规定：大字版/中国法制出版社编．—北京：中国法制出版社，2021．11

ISBN 978－7－5216－2282－9

Ⅰ．①中…　Ⅱ．①中…　Ⅲ．①国家安全法－中国　Ⅳ．①D922．14

中国版本图书馆 CIP 数据核字（2021）第 242350 号

中华人民共和国国家安全法
中华人民共和国反间谍法
中华人民共和国反间谍法实施细则
反间谍安全防范工作规定

ZHONGHUA RENMIN GONGHEGUO GUOJIA ANQUANFA
ZHONGHUA RENMIN GONGHEGUO FANJIANDIEFA
ZHONGHUA RENMIN GONGHEGUO FANJIANDIEFA SHISHI XIZE
FANJIANDIE ANQUAN FANGFAN GONGZUO GUIDING

经销/新华书店
印刷/北京海纳百川印刷有限公司
开本/850 毫米×1168 毫米　32 开　　印张/2　字数/22 千
版次/2021 年 11 月第 1 版　　2021 年 11 月第 1 次印刷

中国法制出版社出版
书号 ISBN 978－7－5216－2282－9　　定价：10．00 元

北京市西城区西便门西里甲 16 号西便门办公区
邮政编码：100053　　传真：010－63141852
网址：http：//www.zgfzs.com　　编辑部电话：010－63141673
市场营销部电话：010－63141612　　印务部电话：010－63141606

（如有印装质量问题，请与本社印务部联系。）